Ebbe & Flut

Endlich einmal einfach und richtig erklärt

Bernd Bultmann

Für Ulla

Moin erstmal!

Schön, dass du dich für die Gezeiten interessierst.

In diesem kleinen Buch werden dir die Ursachen von Ebbe und Flut, also den Gezeiten, an der Nordseeküste erklärt.

Auf dem Foto rechts siehst du das Wattenmeer bei Niedrigwasser.

Jetzt aber los mit der Erklärung!

Wer ist das?

Das ist Ebby, ein wirklich netter Außerirdischer, der gerade durch das All saust.

Ebby ist riesengroß, hat keine Knochen und besteht hauptsächlich aus Wasser.

Unten erkennst du schon den Mond, dem er sich bei seinem Flug gerade nähert.

Mondnähe

Jetzt saust er im freien Fall auf unseren Mond zu und fühlt sich dabei sehr, sehr komisch.

Er wird langsam auseinander gezogen. Aber warum ist Ebby jetzt plötzlich viel länger und dünner geworden?

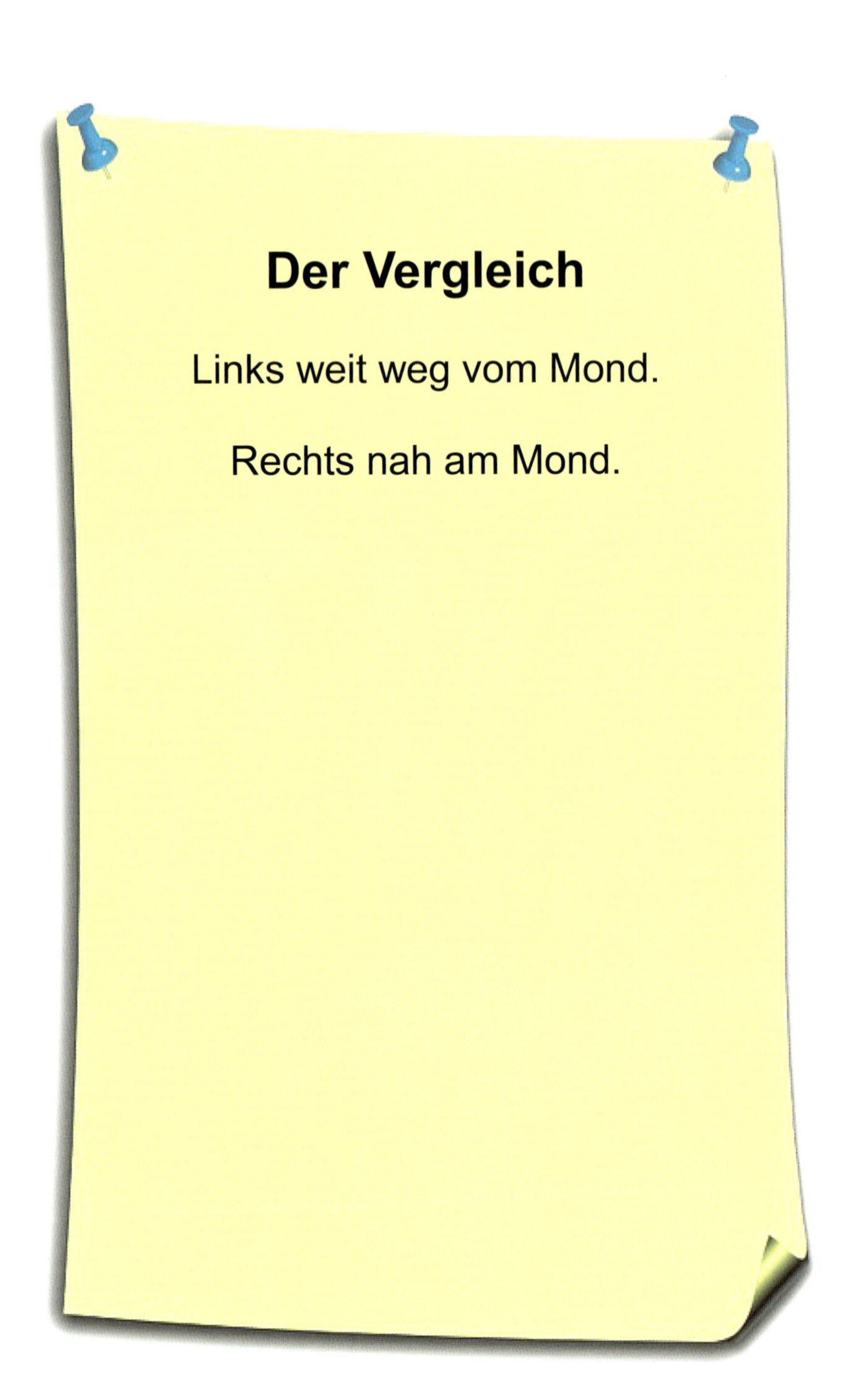

Der Vergleich

Links weit weg vom Mond.

Rechts nah am Mond.

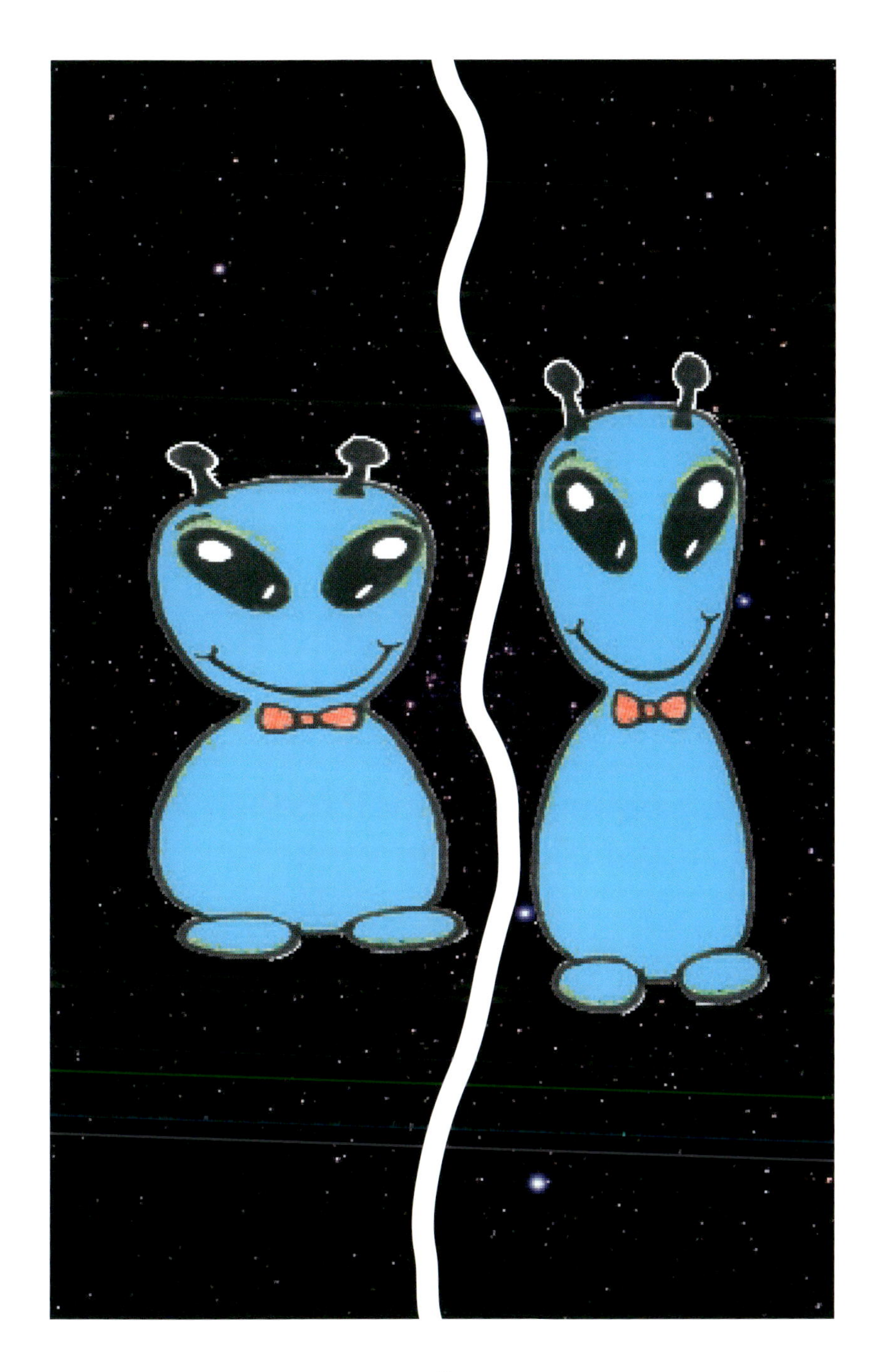

Anziehung

Die Erklärung dafür ist eigentlich ganz einfach und stammt von dem berühmten englischen Physiker Sir Isaac Newton.

Sein Gravitationsgesetz sagt aus, dass sich zwei Körper gegenseitig mit gleicher Kraft anziehen, bei uns also Ebby und der Mond.

Die Formel ist nur für Experten, die brauchst du nicht zu verstehen!

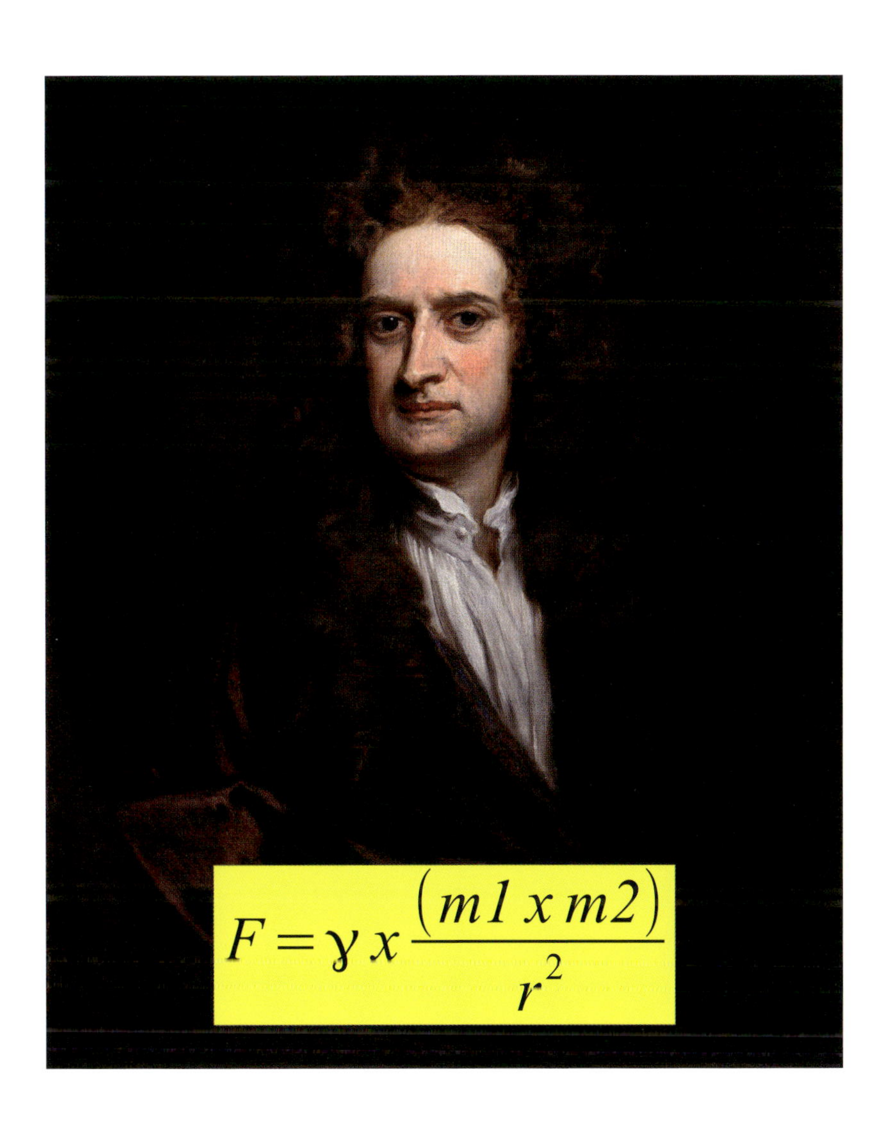
$F = \gamma\, x\, \frac{(m1\, x\, m2)}{r^2}$

Magnete

Die Formel von Newton sagt aber auch, dass die Kräfte, mit denen sich zwei Körper gegenseitig anziehen, größer werden, wenn sie sich näher kommen.

Du kannst dir das vorstellen wie bei zwei Magneten. Je näher diese einander kommen, desto stärker ziehen sie sich an. Die gelben Pfeile stellen die Kräfte dar. Sie sind umso länger, je größer die Kräfte sind.

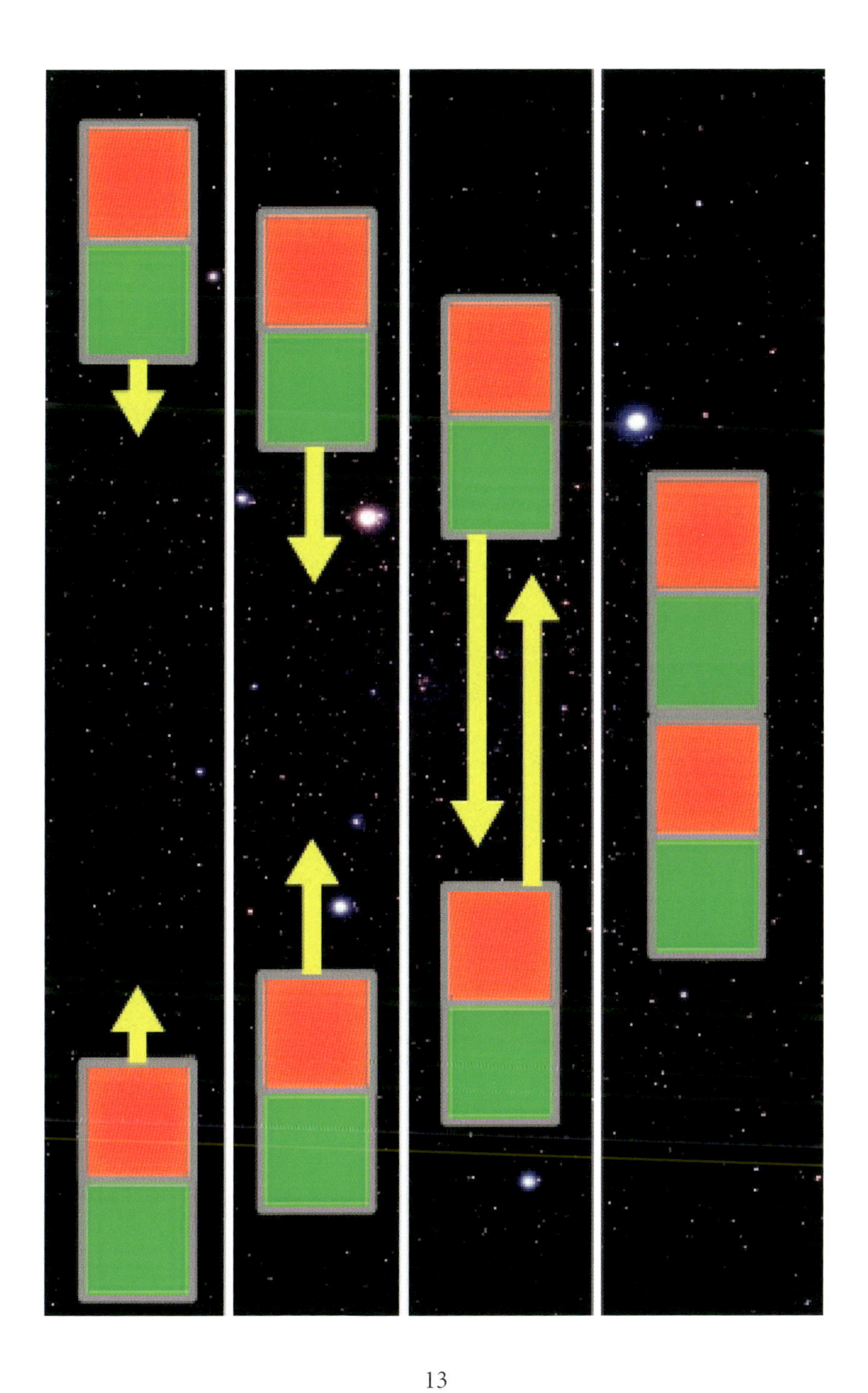

Glück gehabt!

Für uns Menschen ist es echt ein Glück, dass es diese Kräfte gibt. Deshalb stehst du so gut auf dem Boden, weil sich die Erde und du gegenseitig anziehen.

Gäbe es die Gravitationskraft nicht, würden alle Menschen und Tiere ständig herumschweben wie die Astronauten im Weltall.

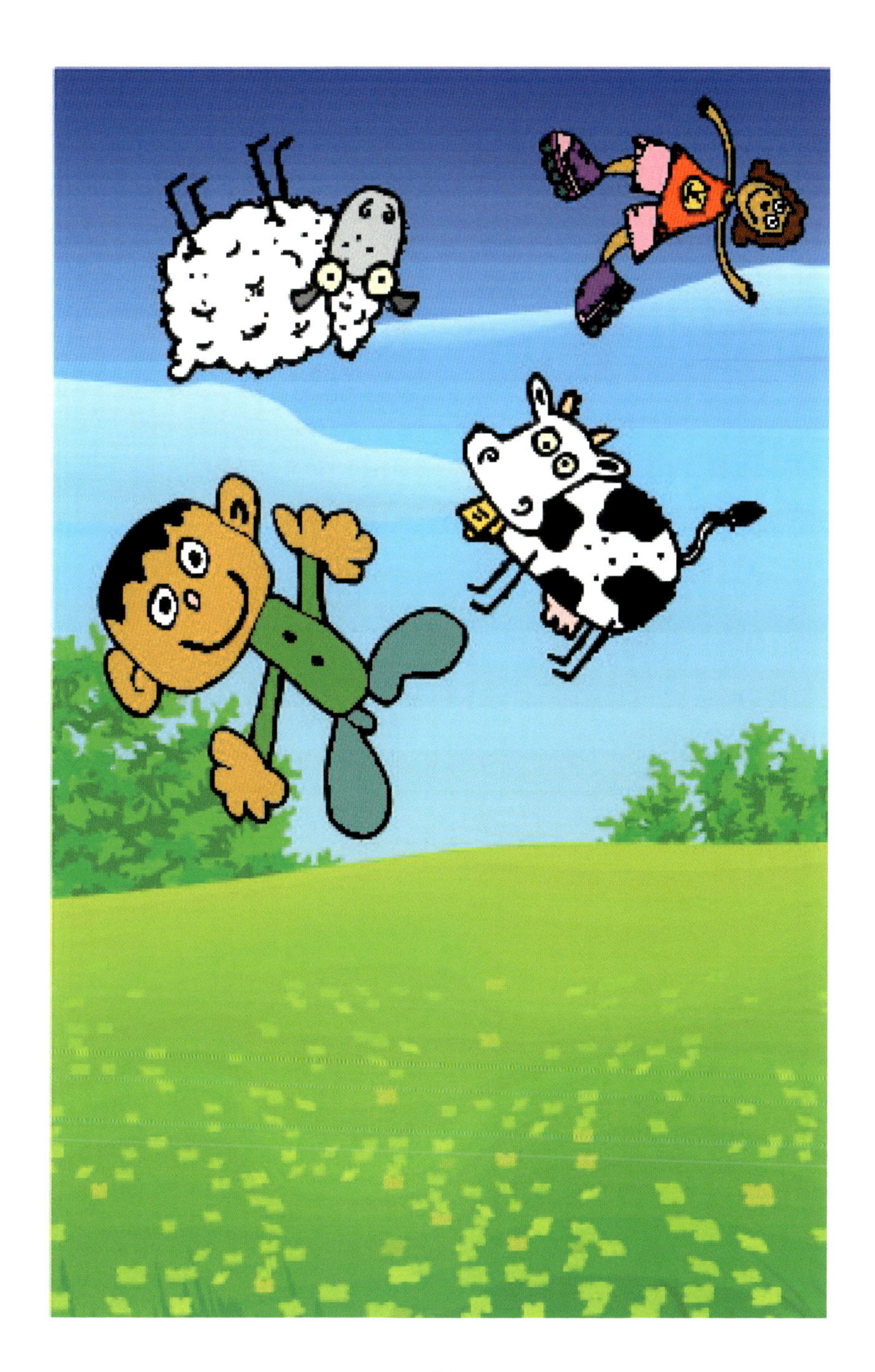

Streckung

Nun sind Ebbys Füße dem Mond erheblich näher als sein Kopf. Die große Masse des Mondes zieht an Ebbys Füßen deshalb viel stärker als an seinem Kopf. Die gelben Kraftpfeile kennst du ja schon.

Deshalb ist Ebbys Körper jetzt so lang und dünn, er wird aus-einander gezogen.

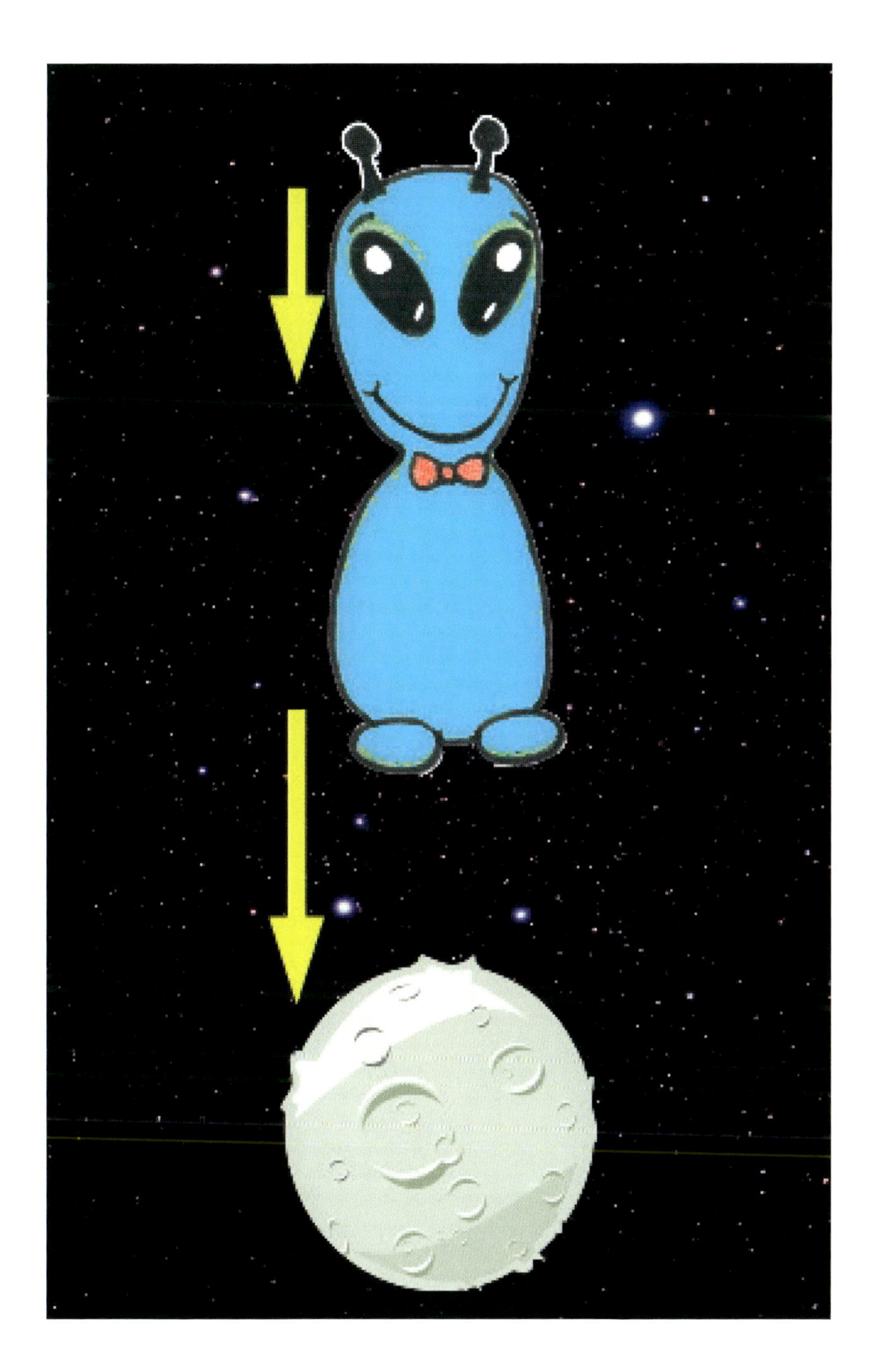

Ein Wasserei

Statt Ebby stell dir jetzt mal einen riesengroßen, zunächst runden Wassertropfen vor.

Auch dieser bewegt sich im freien Fall in Richtung Mond. Ihm ergeht es wie Ebby, auch auf ihn wirken die verschieden starken Kräfte und er nimmt eine ovale, also etwa eierförmige Gestalt an.

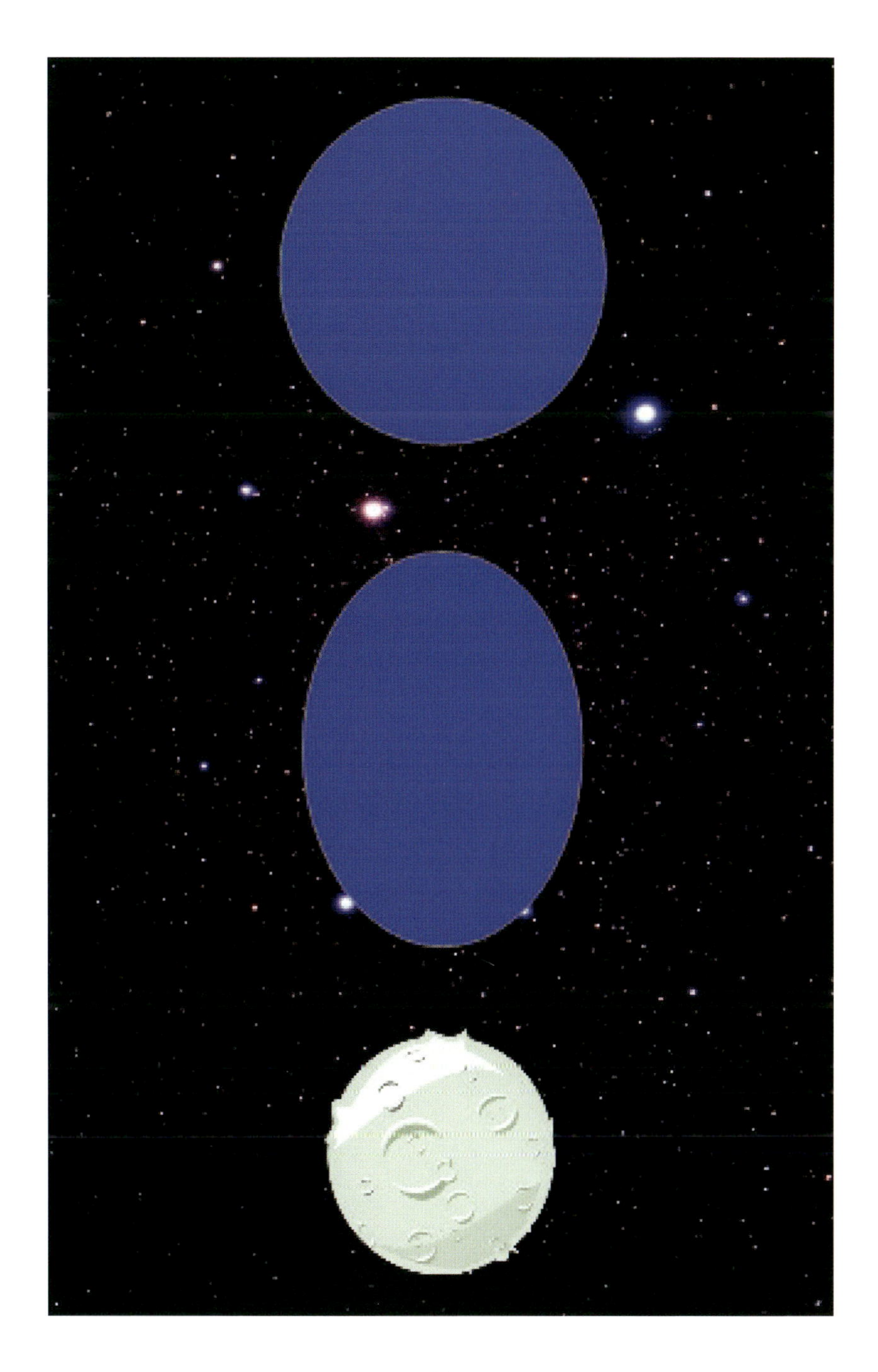

Ebbe & Flut

Der riesige Wassertropfen stellt unsere Ozeane dar. Denk dir jetzt noch die Erde in der Mitte des Tropfens.

Das ist alles nicht maßstabsgetreu, du siehst da viel zu viel Wasser und auch die Abstände stimmen nicht. Aber du siehst oben und unten zwei Flutberge und links und rechts zwei Ebbetäler. In Wirklichkeit sind die Berge nicht mal einen Meter höher als die Täler!

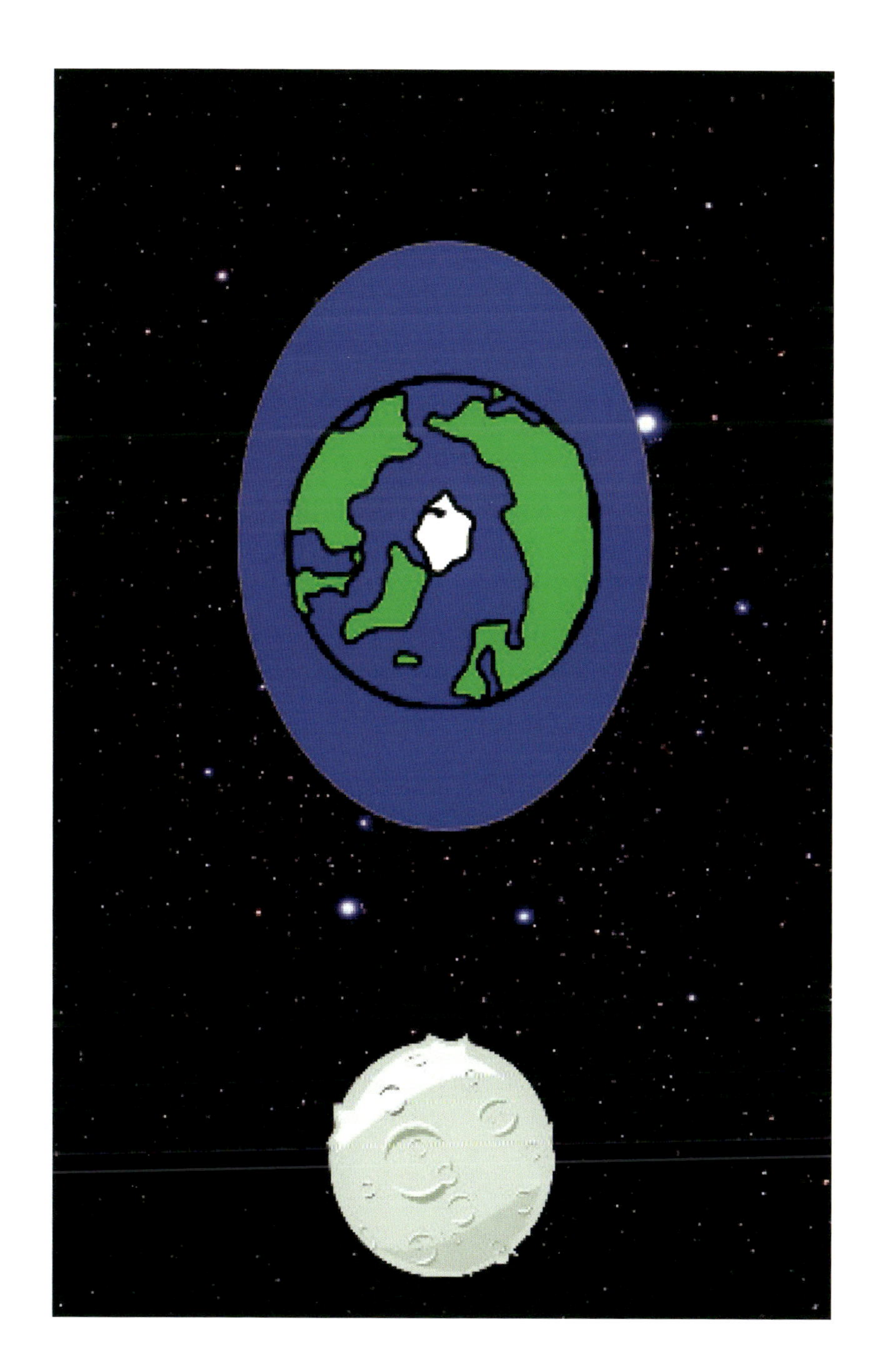

Alles doppelt

Vereinfacht stelle dir noch vor, dass sich die Erde durch die Drehung um ihre eigene Achse unter diesen Flutbergen und Ebbetälern ständig hindurch dreht.

Schau mal auf den roten Punkt, der stellt einen Ort an der Nordseeküste dar. Eine ganze Drehung der Erde dauert 24 Stunden, also gibt es an einem Tag zweimal Hochwasser und zweimal Niedrigwasser.

00:00
06:00
12:00
18:00

Noch Fragen?

Dir ist jetzt bestimmt klar, dass Ebby bei seinem freien Fall in Richtung Mond länger und dünner wird.

Aber die Erde fällt doch nicht auf den Mond, oder?

Guck dir mal Ebby an, der spielt gerade in der Nähe des Mondes Ball.
Den ersten lässt er einfach fallen.
Den zweiten schießt er ganz locker weg.
Dem dritten gibt er ordentlich Power mit, der verschwindet im All.

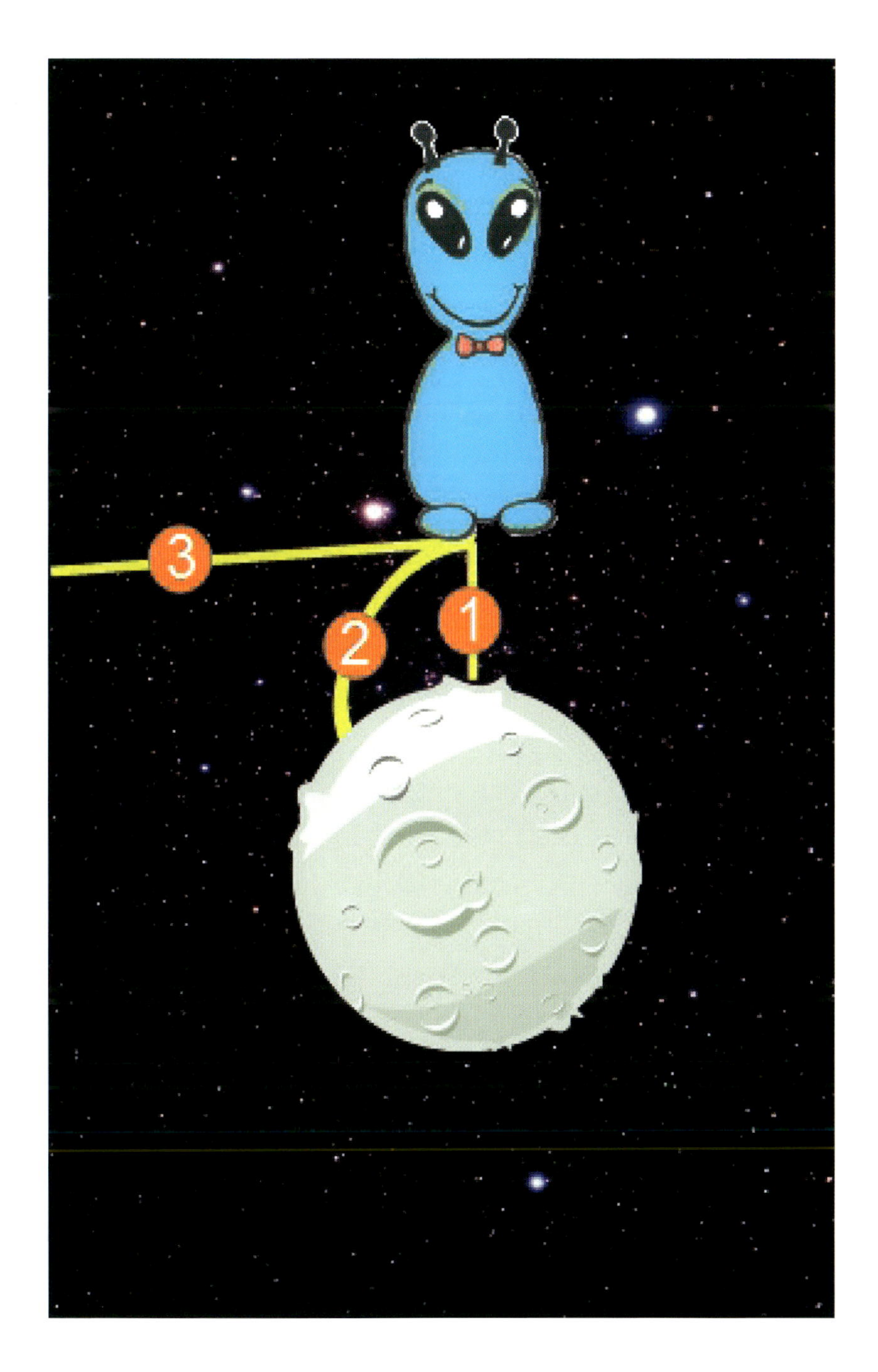
3
2
1

Freier Fall

Und jetzt der vierte Ball: Den schießt Ebby genau mit der richtigen Geschwindigkeit weg. Und der kreist jetzt bis in alle Ewigkeit um den Mond, ist aber trotzdem immer noch wie die anderen drei Bälle im freien Fall. Das ist so wie die vielen Sateliten, die um die Erde kreisen.

So wie sich der letzte Ball um den Mond bewegt, so kreisen nun Erde und Mond auf einer ähnlichen Bahn um die Sonne und sind deshalb auch immer im freien Fall.

Deshalb kann der Mond das Wasser der Erde oval verformen.

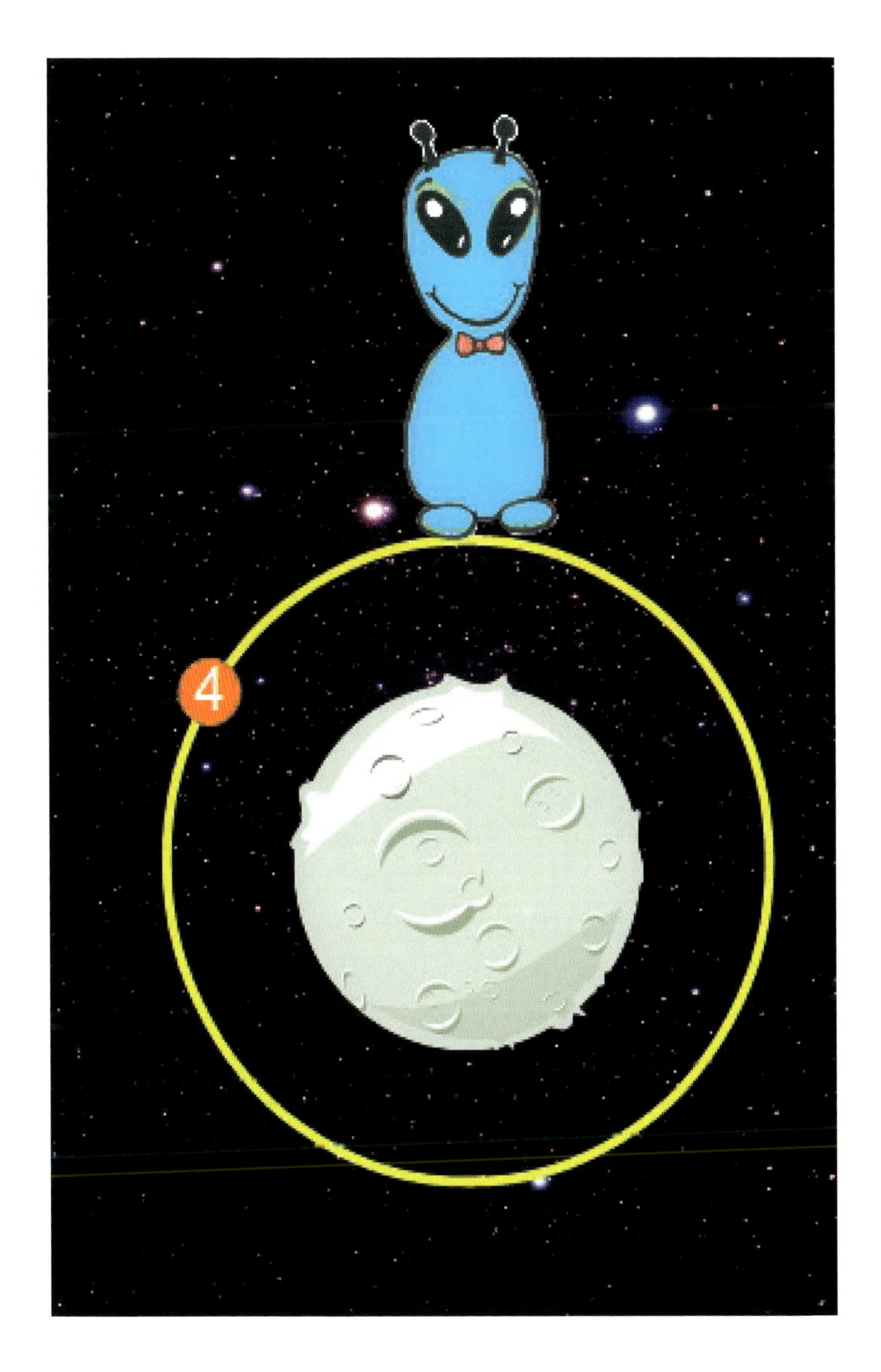
4

Letzte Frage

Gut, aber warum dauert es von Hochwasser bis Hochwasser nicht genau 12 Stunden, sondern etwas länger?

Schau dir mal den roten Punkt an, dort ist gerade Hochwasser um Mitternacht.

Auf dem Bild unten sind genau 24 Stunden vergangen, aber am roten Punkt ist noch nicht Hochwasser!

Der Mond und die Flutberge haben sich in den 24 Stunden nämlich auch etwas bewegt.

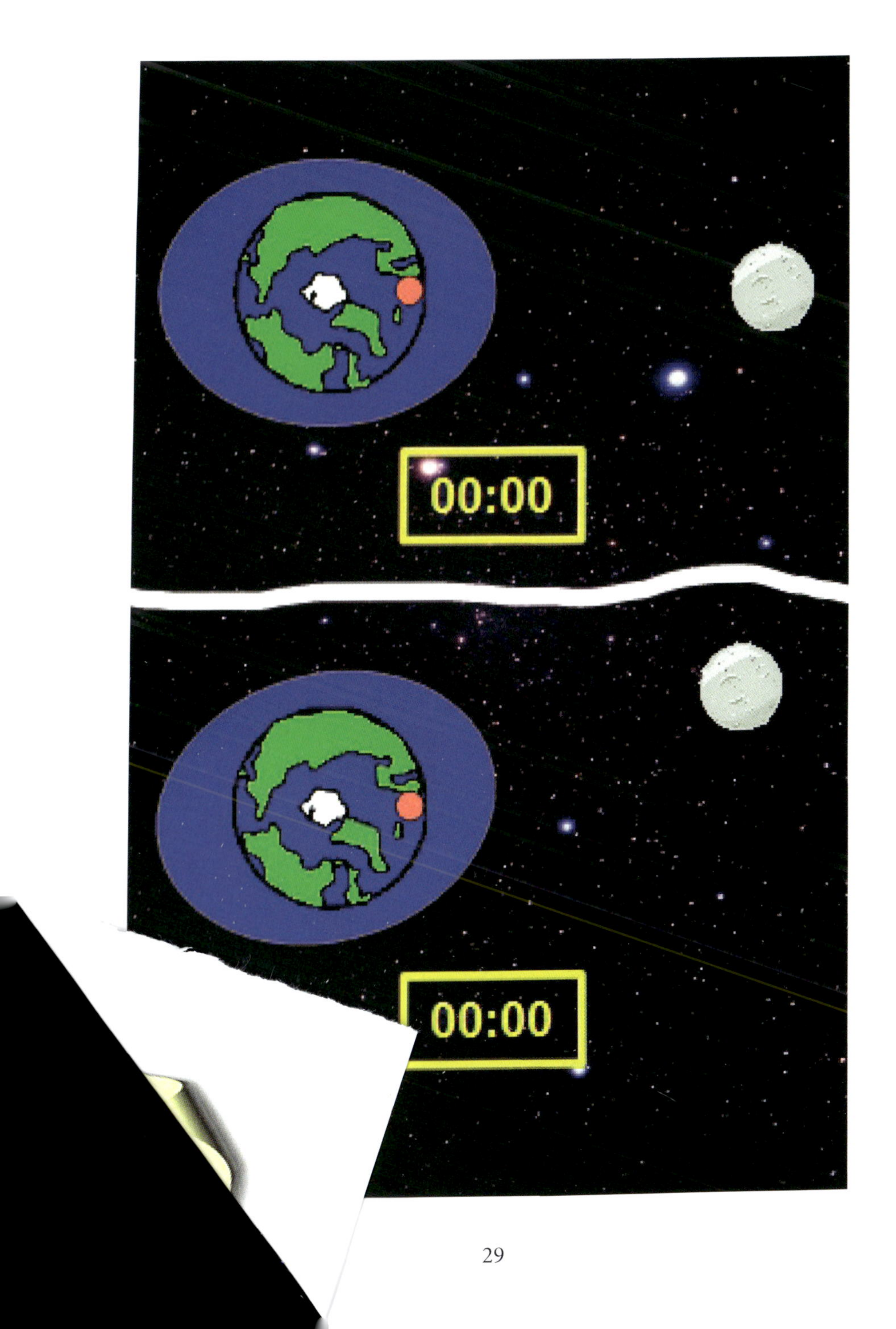
00:00
00:00

Kleine Rechnung

Die Erde muss sich also noch etwas weiter drehen, bis an dem roten Punkt wieder genau Hochwasser ist. Das dauert etwa 50 Minuten.

Von Hochwasser bis zum übernächsten dauert es also 24 Stunden und 50 Minuten, das teilen wir durch Zwei. Deshalb dauert es von einem Hochwasser bis zum nächsten Hochwasser etwa 12 Stunden und 25 Minuten.

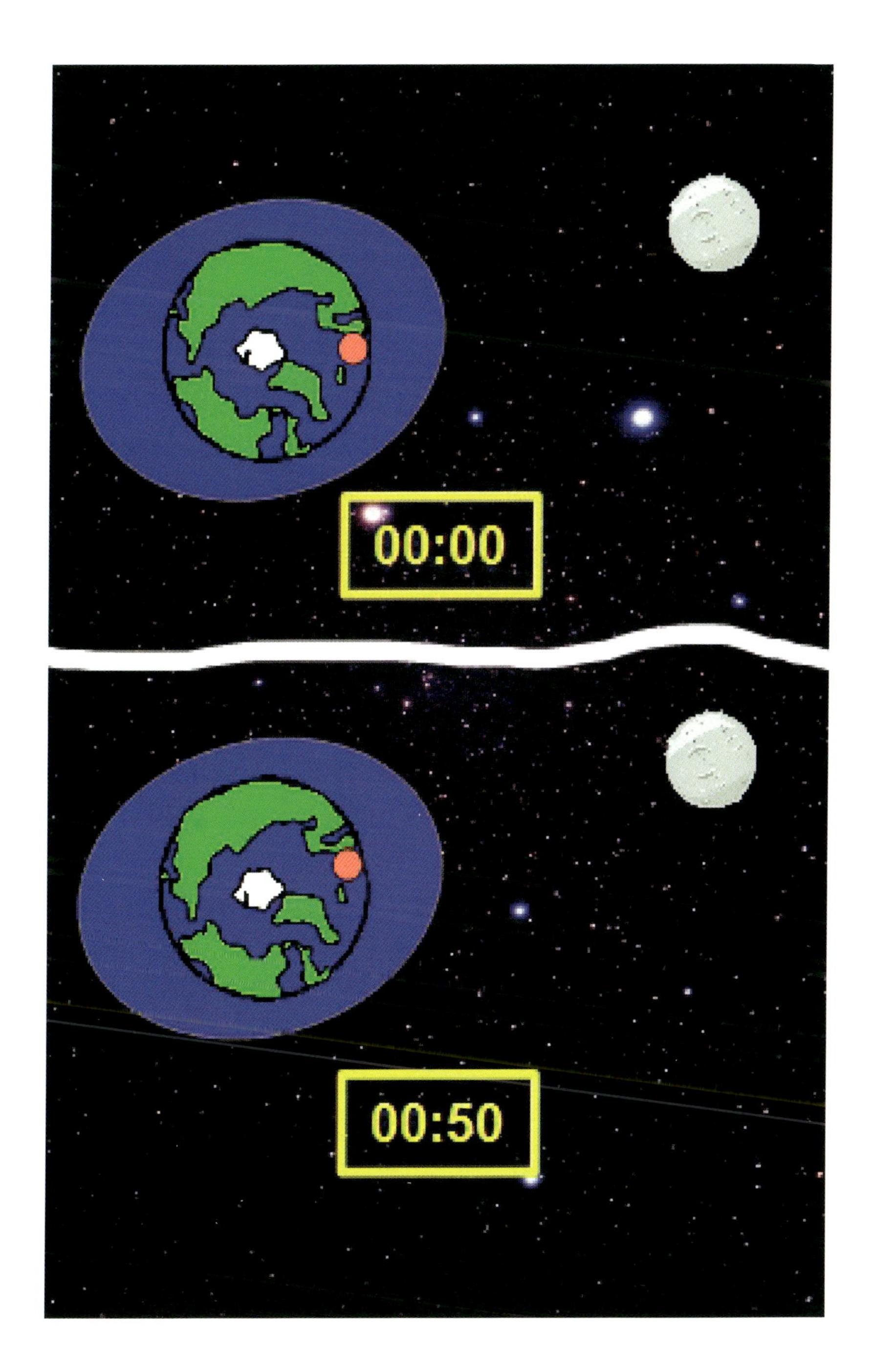
00:00
00:50

Das war´s schon!

Für dich noch eine ganz kurze Zusammenfassung:

- Erde und Mond fallen wie unser Ebby frei im Weltall.
- Der Mond zieht das Wasser der Erde wegen des Gravitationsgesetzes an.
- Die Anziehungskräfte hängen vom Abstand ab.
- Die Wassermassen bilden deshalb eine Art Ei mit zwei Flutbergen und zwei Ebbetälern.

Ebby sagt:

TSCHÜÜÜS

Überall Gezeiten

Nachdem du jetzt dank Ebby weißt, wie die Gezeiten entstehen, gucken wir uns noch einige erstaunliche und merkwürdige Auswirkungen an.

Du kennst sicher den Nationalpark Wattenmeer vor der deutschen, niederländischen und dänischen Nordseeküste. Dieser gehört zum UNESCO-Weltnaturerbe, das ist eine ganz besondere Auszeichnung!

Andere Weltnaturerbestätten sind etwa das Great Barrier Reef vor Australiens Küste oder die Galapagos-Inseln.

100 km

Der Seehundnabel

An der Nordseeküste leben viele Seehunde. Diese brauchen die Gezeiten, da sie ihre Jungen immer bei Niedrigwasser auf einer Sandbank gebären.

Der Nabel der neugeborenen Heuler kann dadurch vor dem nächsten Hochwasser abtrocknen und ist so vor einer Entzündung geschützt.

Jedes Jahr im Frühjahr und im Herbst nutzen Millionen Zugvögel auf ihrem Weg von zum Beispiel Sibirien nach Nordafrika das Wattenmeer als Futterkrippe. Sie kommen ausgehungert an und verlassen uns vollgefressen.

Auf einem Quadratmeter Watt leben tausende kleiner Krebse, Schnecken, Muscheln und Würmer – für die Vögel ein reichlich gedeckter Tisch, den es so nur bei uns im Watt gibt!

Der Tidenhub

Den Unterschied des Wasserstandes zwischen Hoch- und Niedrigwasser nennt man Tidenhub. Dieser hängt von der Küstenform ab und beträgt bei uns an der Nordsee etwa drei Meter.

Den größten Tidenhub mit 21 Metern findet man in der Bay of Fundy in Kanada.

Die Ostsee liegt abseits der Ozeane, dort ist der Tidenhub nur 20 cm, also kaum zu spüren.

SAR

SAR

Flut an Land

Im Inneren der Erde befindet sich ein flüssiger Kern, genannt Magma. Das Festland, auf dem wir wohnen, schwimmt darauf.
Deshalb wirken auch auf das Land die Gezeitenkräfte durch den Mond.

Wir heben und senken uns dadurch alle täglich zweimal um etwa 40 cm. Merken können wir das nicht, weil sich alles andere um uns herum auch hebt.

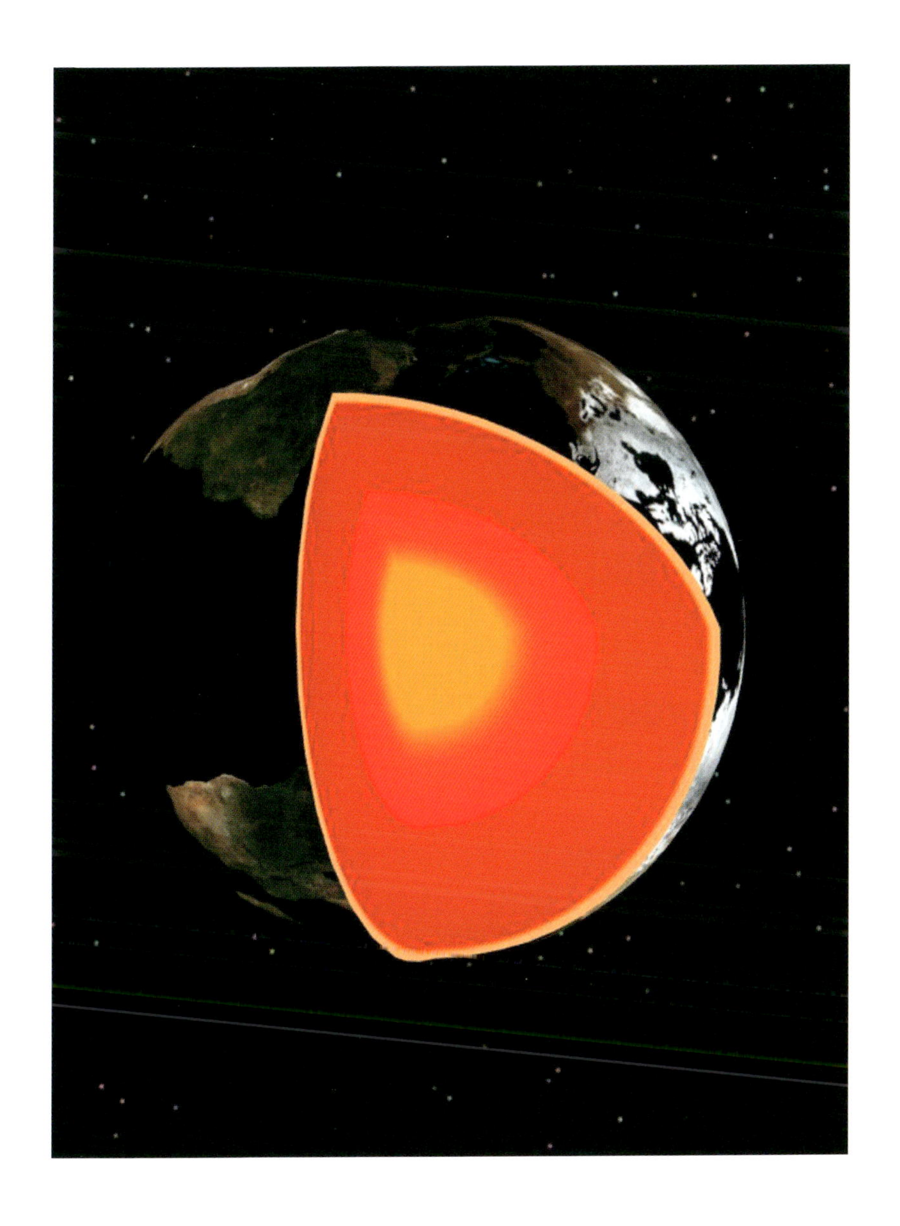

Die Tage werden länger

Durch die Gezeiten bewegen sich riesige Wassermassen auf der Erde hin und her. Dadurch wird die Erde bei ihrer Drehung um die Nord-Süd-Achse ständig abgebremst.
Merken können wir das nicht, denn in 100000 Jahren wird der Tag nur um etwa zwei Sekunden länger.
Aber als die Erde entstand (vor 4,5 Milliarden Jahren) dauerte ein Tag nur 10 Stunden.

Ob dann wohl irgendwann in ganz ferner Zukunft die Uhren wie rechts aussehen?

13
1
2
3
4
5
7
8
9
10
11
12
60
10
20
30
40
50

Der Mondtag

Der Mond bewirkt Gezeiten auf der Erde. Genau so bewirkt auch die Erde Gezeiten auf dem Mond.
Deshalb wurde auch die Monddrehung stark abgebremst. So stark, dass uns der Mond jetzt immer dieselbe Seite zeigt.
Also dauert eine Drehung des Mondes um die eigene Achse einen Monat.

Ein Mondtag dauert somit einen Monat!

Vulkane auf Io

Io ist einer der vier Jupitermonde. Dort gibt es zwar kein Wasser, aber durch die große Masse des Jupiters wirken starke Gezeitenkräfte, die Io eiförmig verformen, genau wie unser Mond die Wassermassen auf der Erde.
Io dreht sich und wird daher ständig „durchgeknetet“, dabei entsteht Reibung und somit Hitze.
Diese Hitze führt zu einem starken Vulkanismus auf Io.

Tod durch Gezeiten

Der Komet Shoemaker-Levy 9 wurde 1993 entdeckt. Er hatte einen Durchmesser von 4 km und war vermutlich schon um 1960 in die Nähe des Jupiters geraten. Durch dessen starke Gezeitenkräfte war er in 21 Stücke gerissen worden.
1994 stürzte der Komet in den Jupiter. Die Punkte und Schleifen unten auf dem Foto sind einige der Einschlagstellen.

Der Punkt oben ist übrigens wieder Io.

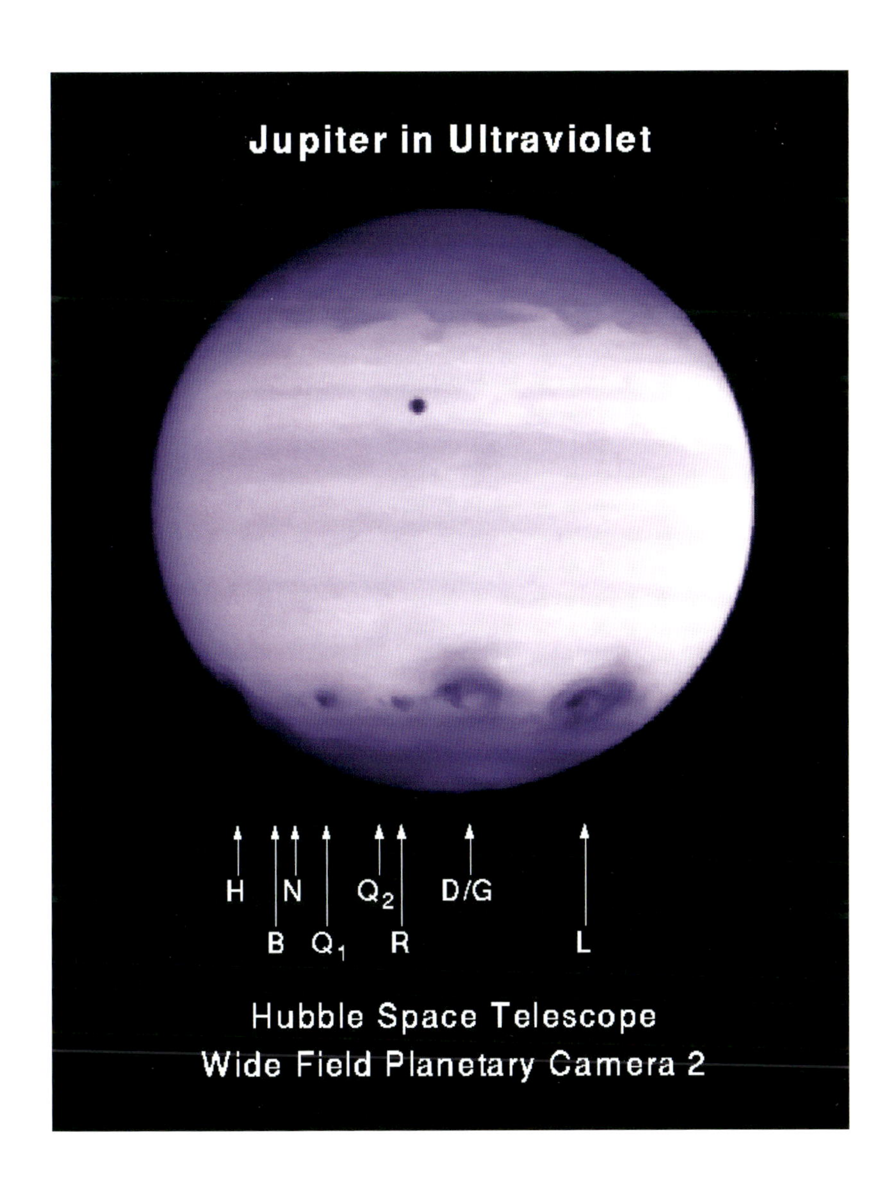
Jupiter in Ultraviolet
H
N
Q2
D/G
B
Q1
R
L
Hubble Space Telescope
Wide Field Planetary Camera 2

Tschüss!

So, das war´s. Schon erstaunlich, dass die Gezeiten so viele und unterschiedliche Auswirkungen bei uns wie auch im Weltall haben.

Aber zumindest bei uns an der Küste ist doch das Watt das größte Wunder.

Und wenn du ganz viel Glück hast, findest du bei deinem nächsten Besuch dort vielleicht auch so einen netten Gruß eines (verliebten?) Wattwurms!

Nachwort (für Große)

Diese Erklärung der Gezeiten einzig und allein über die Gravitation entspricht dem aktuellen Stand der Physik.
Leider wird in den meisten Büchern oder Filmen das Phänomen mit Hilfe von Drehbewegungen des Systems Erde-Mond um den gemeinsamen Schwerpunkt erklärt, dieses ist falsch oder, bevor irgendwelche Klagen kommen, zumindest sehr kompliziert und veraltet. Die Idee mit dem Alien stammt übrigens von dem weltberühmten US-amerikanischen Physiker Leonard Susskind, bei ihm ist es ein riesengroßer Mann.

Butjadingen, im März 2018
Bernd Bultmann

Übrigens gibt es auch einen netten Trickfilm mit Ebby zu diesem Thema, zu sehen nur im Nationalpark-Haus Museum Fedderwardersiel, dessen Besuch sich immer lohnt!

Impressum

Idee, Text, Layout: Bernd Bultmann
Redaktion: Michael Remmers

Grafik Ebby: Lea Roßkamp
ISBN: 978-3-938501-41-2
KomReGis Verlag Oldenburg 2018
www.komregis.de
Gedruckt auf elementar-chlorfrei-gebleichtem Papier

E-Mail Autor: butjebu@gmx.de

Der Autor ist Physiklehrer an einem Privatgymnasium auf Butjadingen

Bildnachweise

Motiv / Urheber / Link bzw. Webside

Karte Wattenmeer / Aotearoa /
https://de.wikipedia.org/wiki/Datei:Morze_Watt
owe.png

Heuler & Zugvögel / Nils Kernbach /
www.gehversuche-fotografie.de / Danke!

Wattfotos / Wolf-Peter Höhne / Danke!

Magma / SoylentGreen /
https://de.wikipedia.org/wiki/Datei:Blender3D_
EarthQuarterCut.jpg

Mond / Luc Viatour / https://Lucnix.be

Io / NASA /
http://photojournal.jpl.nasa.gov/catalog/
PIA02308

Jupiter / NASA /
http://www2.jpl.nasa.gov/sl9/gif/hst19.gif